尖端科技篇

哇，科学有故事！

透镜的故事

[韩] 李俊昊 / 文　[韩] 李娜英 / 绘　千太阳 / 译

人民东方出版传媒
People's Oriental Publishing & Media
东方出版社
The Oriental Press

意大利神父

伽利略

胡克

能否用透镜来观察一些肉眼看不到的东西呢?

目录

制作眼镜的故事_1页

发明望远镜的故事_11页

发明显微镜的故事_23页

开创未来透镜的科学史_35页

神父，听说您发明了可以将视野中的字体放大的工具？

你知道什么是透镜吗？就是那些镶嵌在眼镜或望远镜里的透明玻璃片。我的眼睛已经昏花了，看不清书中的文字。于是，我将两块玻璃镜片固定在双眼前使用。这个小工具经过一系列改进，最终演变为现在的眼镜。

最先制造出玻璃的人是谁呢?

虽然无法确定到底是谁,但据说玻璃是古代商人在沙地上生篝火时发现的。

"今天就在这里扎营吧。天气太冷,我们得生点儿火才行。"

到了第二天早晨,他们在生火的地方发现了一些奇怪的物质。

"咦?这些透明的小团是什么东西?"

那些透明的物质就是玻璃。沙子中含有很多石英，而石英正是制作玻璃的原料。巧的是，商人们在前一晚不小心将运送的苏打撒在了火堆旁边，苏打中有帮助玻璃形成的物质。

多亏了这个意外，人们才得以学会制作玻璃。

另外，他们还发现这些玻璃块能将近处的物体放大。

于是，不少人开始将这种玻璃块当成"眼镜"来使用。

不过，人们正式制作眼镜是进入 13 世纪后的事情了。

有传闻说是意大利的神父们最先制作出了眼镜。

"没想到视力下降后，读《圣经》会这么辛苦。有什么办法可以解决这一问题呢？"

"只要把玻璃打磨成凸起的形状就能将字体放大。"

经过一番研究之后，神父们将玻璃或水晶打磨成凸起的镜片，然后把两片透镜挨着绑在一起，用来看书。

他们做出来的工具就是最早的眼镜。

不过，也有人称是中国人最先发明了眼镜。

据说，意大利商人马可·波罗在中国游历时曾见过年迈的大臣戴着眼镜的样子。

"用龟壳做成的框架里镶嵌上凸起的镜片，这真是了不起的创意！"

虽然不知道是哪一方最先制作出了眼镜，但能确定的是，最早制作出来的眼镜就是凸透镜。戴上凸透镜眼镜后，原本看不清近处物体的人就能看清了。

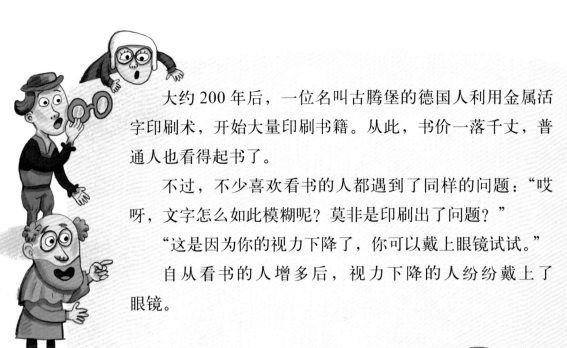

大约 200 年后，一位名叫古腾堡的德国人利用金属活字印刷术，开始大量印刷书籍。从此，书价一落千丈，普通人也看得起书了。

不过，不少喜欢看书的人都遇到了同样的问题："哎呀，文字怎么如此模糊呢？莫非是印刷出了问题？"

"这是因为你的视力下降了，你可以戴上眼镜试试。"

自从看书的人增多后，视力下降的人纷纷戴上了眼镜。

买眼镜的人越来越多，眼镜作为产品，其性能也变得越来越好。

起初只有凸透镜眼镜，但没过多久，就有为看不清远处物体的人量身定做的凹透镜眼镜面世了。

到了 18 世纪，美国科学家本杰明·富兰克林发明了一种新型镜片——双焦透镜。这种透镜是将凹透镜和凸透镜一分为二后，将近焦镜片和远焦镜片上下拼起来制成的。用这种镜片做成的双光眼镜，使人们看远处和看近处不再需要更换眼镜。

就这样，眼镜作为帮助人们看清世界的工具，至今备受人们的喜爱。

眼镜

透镜主要由玻璃制成，具有聚光或散光的功能。光在通过玻璃时，方向会发生偏折，因此只要好好打磨玻璃的形状和厚度，人们就能精准地调节光的偏折方向。通过细微调节让我们的眼睛可以看清事物的透镜就是眼镜。

利用凸透镜可以放大近处的物体。

凸透镜是中央较厚、边缘较薄的透镜。

通过凸透镜中心的光会直射，而其余的光则会出现一定的偏折。

把凸透镜放在物体和光屏之间，光屏上会出现物体通过凸透镜后成的像。

物体　凸透镜成像　焦点　像

用凸透镜看到近处的物体的像比实物更大。

通过凸透镜看到的像　物体　焦点

放大镜就是一个凸透镜，把它放在眼睛和物体之间，我们就能看清物体的细节。

利用凹透镜可以缩小远处的物体。

凹透镜是中央较薄、边缘较厚的透镜。

用凹透镜看物体时，近处的物体看着要比实物小。

远处的物体看着要比实物小，而且比离近看时更小。

像始终是正立的。

利用凸透镜和凹透镜来制作眼镜。

只有当光进入眼睛后，焦点准确地落在视网膜上，人才能看清物体。

视网膜

远视的人，焦点会落在视网膜的后方，所以看到的物体会非常模糊。

近视的人，焦点会落在视网膜前方，所以看到的物体会非常模糊。

因此，只要用凸透镜将光稍微聚集起来，就能让焦点准确地落在视网膜上。

因此，只要用凹透镜让光稍微发散一些，就能让焦点准确地落在视网膜上。

深受原始人喜爱的天然玻璃

人们最早使用的"玻璃"是黑曜（yào）石。

黑曜石是火山流出的岩浆冷却后凝固而成的宝石。由于它的颜色是黑色的，所以被人们称为"黑曜石"。

据说，原始人最喜欢这种黑曜石。它的主要成分和玻璃一样，因此性质也与玻璃类似，可以看作天然玻璃。例如，黑曜石被敲碎后，稍经打磨就可以做成锋利的刀。

当时还没有铁器，所以在切肉、处理皮毛、制作衣物时都会用到这种黑曜石刀。黑曜石刀非常锋利，出土的黑曜石手术刀到现在还能切开皮肤。由于黑曜石的实用性，原始人通过物物交换将黑曜石传播到了很多地方。例如，人们曾经在韩国忠清道和庆尚道发现了中国吉林省东南部的长白山熔岩形成的黑曜石。此外，日本火山上形成的黑曜石也曾漂洋过海，出现在韩国的南海岸地区。

总之，早在原始时期，天然玻璃就已经被开发出各种用途。

韩国乌山里史前遗迹博物馆中的黑曜石工具

伽利略叔叔，听说您制作了一种能够看清远处物体的工具？

我是一名意大利科学家。我听闻荷兰的眼镜匠最先发明了望远镜，便决定研发可以看得更远、性能更好的望远镜。

17 世纪时，荷兰有一位叫汉斯·利伯希的眼镜商人。

有一天，孩子们在利伯希的眼镜店门前拿着透镜玩耍。

"哇，好神奇！"

"什么东西那么神奇？"

"我们发现两个透镜放在一起时，能够将远处的建筑物放大！"

听到他们的话，利伯希的脑海里突然闪过了一个绝妙的主意：用手拿着透镜很不方便，或许可以将两个透镜镶嵌到一个长筒里。

就这样，世间第一部望远镜诞生了。

　　其实，利伯希遇到的孩子并不是最先发现这一现象的人。包括达·芬奇在内的不少人，早就清楚了这个事实。

　　制作望远镜的最关键问题无疑是透镜的品质。哪怕透镜表面稍有不平或整体形状不够规则，看到的视野都会非常模糊。

　　然而，利伯希是一位技术高超的眼镜商人，这个问题可难不倒他，于是他制作出了视野非常清晰的望远镜。

　　由此可见，在一些重要的发明中，仅有创意是不够的，还需要精湛的技术来实现。

　　在听到利伯希发明出望远镜的消息后，意大利科学家伽利略·伽利雷产生了这样的想法：这东西只要造好了，肯定非常实用！它不仅能用来观测夜空中的星星和月亮，还可以用在战场上观察敌情。

　　当时经常爆发战争，所以只要能够发明出对打胜仗有帮助的物品，名誉和财富就会滚滚而来。

　　没过多久，他就听到利伯希来到意大利的消息。

　　伽利略断定利伯希肯定是来用自己发明的望远镜赚大钱的。

　　想到此处，伽利略顿时感到非常焦急："我必须拿出更好的望远镜来说服那些高官。"

　　伽利略不断打磨透镜、调试透镜的位置……他想尽一切办法，最终成功地制作出了更好的望远镜。

　　虽然他制作的望远镜形态与利伯希的望远镜相差无几，但他把透镜之间的距离调整得恰到好处，他打磨透镜的技术也更胜一筹。最终，伽利略制作出来的望远镜居然能够将远处的物体放大30倍。如此一来，远处城市里原本看着只有小指指甲大小的教堂尖塔，用他做的望远镜观看时，会如同位于眼皮底下一样庞大清晰。

　　意想不到的是，伽利略还叫来一些匠人，将望远镜装饰得异常华美。

在朋友的帮助下，伽利略抢在利伯希之前会见了高官。

"大人，只要有了这个望远镜，即使是位于远处的船只也能拉到眼前进行观察。如此一来，我们不仅可以快速地判断出对方所属的阵营，还能一眼就掌握他们拥有的船只数量和种类等信息，从而对战争提供很大的便利。"

"哦？是吗？那我们这就到塔顶上，看看望远镜是否真的如你所说的那样神奇。"

当长官将眼睛凑近望远镜看了一眼后，顿时发出了一声惊呼："天啊，那远处海上的船只真的就像位于眼皮底下一样！这真是太神奇了！"

于是，伽利略用望远镜赚到了一大笔钱，还收获了极高的美誉。

相比之下，利伯希则非常不幸。因为他的望远镜不但性能不及伽利略的望远镜，而且外观也逊色很多，所以最终没能得到高官的认可。

伽利略之所以能够取得成功，不只因为他是一名天才科学家，还因为他是一名优秀的匠人和设计师。

此外，伽利略还用自己制作的望远镜观察夜空，发现了许多惊人的现象。今天，我们能够对夜空中的星星如此了解，也都是望远镜的功劳。

另外，正如伽利略所想的那样，望远镜成了海军必备的工具之一。从那以后，海军军舰的桅杆上，始终会站着一名拿着望远镜的军人，不断监视着远处的海面。

谁也没想到，孩子们的一个无意之举，最终对人类的历史产生了巨大的影响。

望远镜

望远镜是一种利用透镜观测远处物体的工具。

最初的望远镜形态简单，只由两个凸透镜或一个凸透镜和一个凹透镜组成。但如今，人们通过添加其他组件，不断改进透镜，从而使望远镜的性能得到了极大的提高。

 使用的透镜越大，望远镜的视野就越清晰。

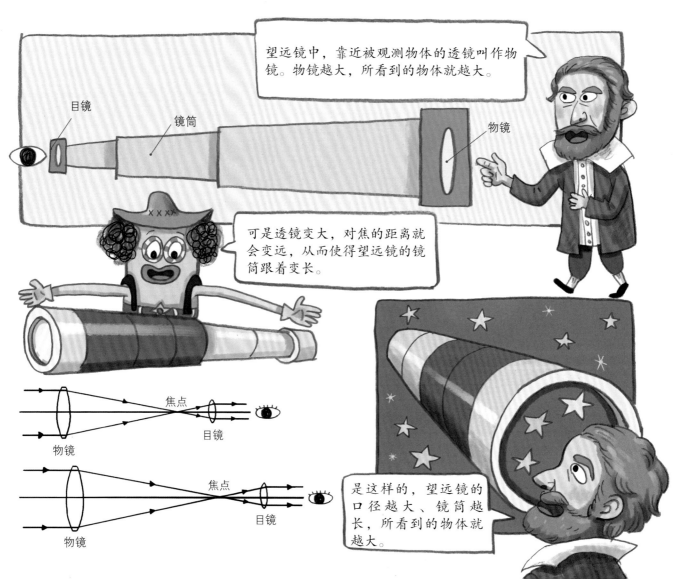

望远镜中，靠近被观测物体的透镜叫作物镜。物镜越大，所看到的物体就越大。

目镜

镜筒

物镜

可是透镜变大，对焦的距离就会变远，从而使得望远镜的镜筒跟着变长。

焦点
目镜
物镜

焦点
目镜
物镜

是这样的，望远镜的口径越大、镜筒越长，所看到的物体就越大。

接收到的光越多, 望远镜的视野就越清晰。

即使是视力再好的人, 也无法在黑暗中看清事物。

太暗了。我都看不清形状。

望远镜也是如此。如果没有光线, 即使性能再好, 也毫无用处。

望远镜的直径越大, 所接收到的光越多, 物体看起来就越明亮。

因此, 天文台上的望远镜才会那么大。世界上口径最大的望远镜——"中国天眼" FAST望远镜的口径约有500米。

 使用非球面透镜时, 望远镜的视野更清晰。

凸透镜其实很难准确地对焦。因此, 看到的事物往往会有些模糊。

为了解决这个问题, 人们对凸透镜的形态进行了一些改动。于是, 就有了非球面透镜。

所以, 好的望远镜通常都会使用非球面透镜。

非球面透镜

不过, 将透镜打磨成这种形状并不是一件容易的事情。稍有不慎就会导致透镜无法对焦, 因此望远镜对技术的要求非常高。

玻璃之乡——威尼斯

意大利的威尼斯称得上是一座以造型别致的贡多拉而闻名的浪漫都市。

威尼斯还有一种赫赫有名的东西，那就是玻璃工艺品。

穆拉诺岛上生产的穆拉诺玻璃工艺品一直都能卖出很高的价格。惊艳无比的色彩和形态，以及巧夺天工的雕刻技术都是其他玻璃工艺品望尘莫及的。因为玻璃中添加多少原料、如何添加等都会对玻璃的质量和色泽造成极大的影响。

事实上，威尼斯玻璃工艺发展史中藏有一个非常凄凉的故事。

威尼斯原本是一个渺无人烟的沙洲。直到罗马灭亡后，大批罗马人为了逃难而到岛上生活，威尼斯才渐渐有了起色。

不过，威尼斯周围的沙子中含有很多可以制作玻璃的原料，而且质量上乘。于是，当地人就利用这个资源，不断地钻研技术，最终将威尼斯发展成如今闻名世界的玻璃之乡。

当初意大利之所以能够制作出高性能的望远镜，或许与威尼斯高超的玻璃工艺有着千丝万缕的联系。

威尼斯的玻璃工艺品

胡克老师，听说您造出了一种能够看到微小物体的工具？

我从小就心灵手巧，不仅修好了荷兰眼镜匠制作的显微镜，还提升了它的性能，将它改造成大家现在所熟悉的显微镜。什么？你问我用它做什么？自然是用来观察那些又小又神奇的物体了。

23

英国科学家罗伯特·胡克出生于 1635 年。

不幸的是，胡克从小就体弱多病。由于身体太过羸弱，所以家人都认为胡克过段时间就会夭折。胡克的父亲根本没打算送他去上学。

"家里的情况这么困难，他又活不了多久，我们还是将他留在家中，别送他上学了。"然而，胡克不但顽强地活了下来，还显露出了与众不同的才华。

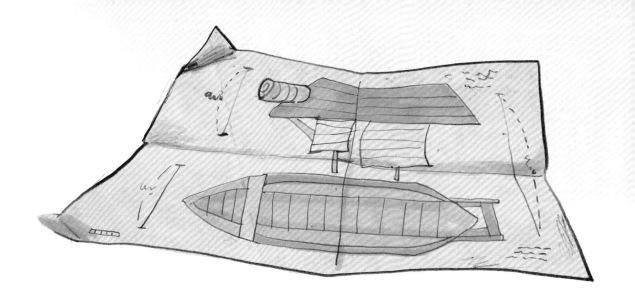

有一天，胡克的父母送了他一个坏掉的钟表当玩具。聪明的胡克将钟表拆得七零八落，然后用木头打磨出每一个零件，再将它们组装成一个木头钟表。

胡克制作的木头钟表发出"嘀嗒嘀嗒"的响声，运行得非常顺畅。

胡克还做了一艘1米多长的船，船上不仅有帆和绳索，还能发射出炮弹。

据说，曾有一位画家来到胡克所在的村子里画画。胡克看到这一幕后，跟在后面临摹那位画家的画，最终完成了一幅非常不错的作品。

就像这样，胡克从小就显示出了非凡的才艺。

在胡克所生活的时代，科学家们都有着相同的烦恼。

当时的科学家们虽然很擅长解题和计算，但并不擅长做实验。

"因为手笨，我们连实验工具都制作不出来，更别提进行实验了。"

而帮他们解决这个烦恼的人就是胡克。

长大后，胡克凭借自己精湛的手艺，制作出各种各样复杂的实验工具，为这些科学家提供了极大的帮助。

"如果没有胡克，我们根本无法做实验，他真是一个了不起的人！"

有一天，胡克听到了一些有关显微镜的传闻：

"听说有一种工具，能把非常微小的物体放大后进行观察！"那就是荷兰的眼镜商人詹森制作的"跳蚤镜"，是最早的显微镜。

最初的显微镜体积庞大，长得有点儿像望远镜。起初，它能将物体放大10~30倍进行观察，而到了后来，它甚至可以将物体放大到100倍。

"世界上居然有这种神奇的东西？如果将物体放大到100倍，会是什么样子呢？真是太令人好奇了！"

胡克决定好好研究显微镜。

然而，詹森的显微镜太难用了。

它不仅很难对准焦点，而且看到的视野也很昏暗。

胡克发挥自己的聪明才智，对显微镜进行了一番改良。

首先，为了获取透明的、高质量的透镜，他决定亲自打磨水晶。

"水晶与玻璃成分相同，所以只要认真打磨，肯定能做出高品质的透镜。"

之后，他又在显微镜上添加用来接触眼睛的部分，使得眼睛和透镜能够保持一定的距离。因为哪怕距离发生一点儿变化，显微镜的焦点都会出现偏离，视野中的物体也就会变得模糊起来。

"要不要让镜筒可以旋转呢？这样一来，人坐着也能进行观察。"

于是，他又给显微镜添加了镜臂，使得镜筒能够调整角度。

为了解决视野昏暗的问题，他还添加了利用装有水的圆形烧瓶聚集光线的装置。

经过这样那样的努力，胡克终于制造出高性能、使用方便的显微镜。

即使 100 多年后，胡克制作的显微镜依然受人欢迎。就连现在我们所使用的显微镜的形态，也与胡克当初制作的显微镜非常相似。

后来，胡克利用自己改进的显微镜进行了各种各样的观察。

而在这个过程中，他有了一个非常重要的发现——细胞。

我们知道，包括人、植物及动物等所有生物的身体都是由细胞构成的。

但是细胞非常微小，我们用肉眼无法看清。

正是有了胡克改进的高性能的显微镜，我们才得以看到细胞的样子。

"就像一块块积木堆成一座大城堡一样，所有生物都是一些微小细胞的集合体。"

胡克用显微镜观察了无数生物，并图文并茂地将它们记录了下来。

后来，他将自己的观察结果整理成册，出版了一本名为《显微术》的图书。

这本书配图生动、内容有趣，非常畅销。

"这本书太有趣了，我一直读到凌晨两点才去睡觉。"

"这是我所读过的最独特的一本书。"

可以说，我们能够接触到如此神秘的微观世界，都是胡克改进的显微镜的功劳。

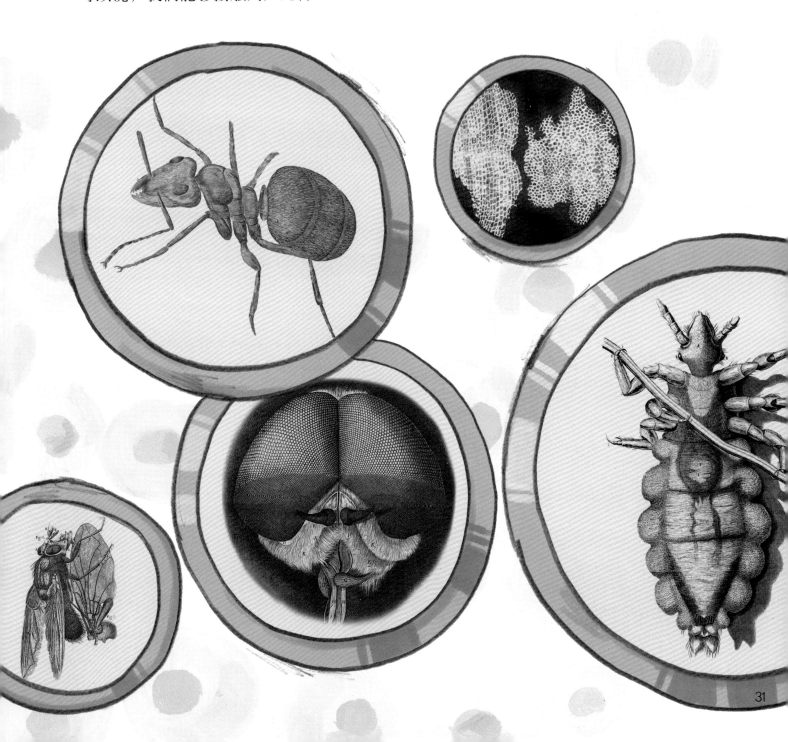

显微镜

显微镜是将肉眼看不到的微小物体放大后进行观察的仪器。学校中常见的显微镜是与胡克制作的显微镜基本相同的光学显微镜。此外，显微镜还有全内反射荧光显微镜、相差显微镜、偏光显微镜、红外光显微镜、紫外光显微镜、电子显微镜等不同的种类。

显微镜由目镜、物镜及反光镜组成。

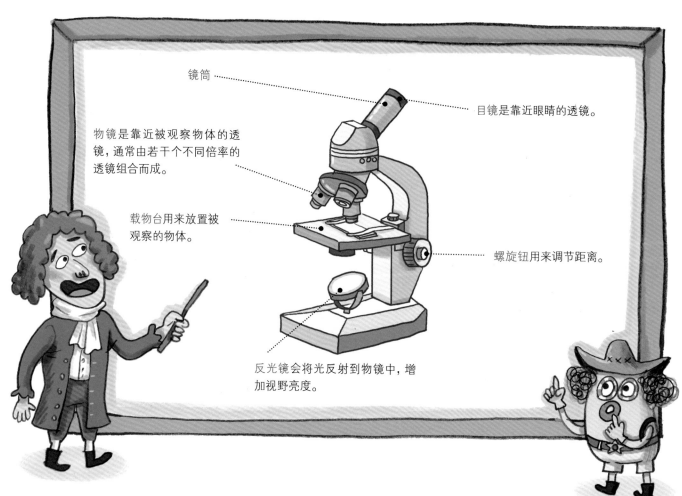

镜筒

目镜是靠近眼睛的透镜。

物镜是靠近被观察物体的透镜，通常由若干个不同倍率的透镜组合而成。

载物台用来放置被观察的物体。

螺旋钮用来调节距离。

反光镜会将光反射到物镜中，增加视野亮度。

只有将被观察的物体做成切片，才能用显微镜进行观察。

如果想用显微镜进行观察，就得将物体切成透光的薄片。

然后将薄片放在玻璃片上，再滴上一滴水！

再往上面盖上一张薄薄的玻璃片，切片就算制作完成了！

将切片放在载物台上，然后用压片夹将其固定住。

将物镜靠近切片，再调节焦距，找到最清楚的视野。

通过不断移动载物台，找到自己想要观察的地方。

 知道显微镜的倍率就能估算出物体的原本大小。

倍率是指放大倍数。10倍率意味着视野中的像是物体原大的10倍。

× 10倍

1cm

10cm

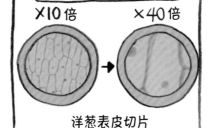

倍率变大，视野中的像也会变大。

×10倍　　×40倍

洋葱表皮切片

显微镜的倍率等于目镜的倍率乘以物镜的倍率。

目镜倍率 × 物镜倍率 = 显微镜倍率

目镜的倍率为10倍，物镜的倍率为4倍时：

$10 \times 4 = 40$（倍）

目镜的倍率为10倍，物镜的倍率为10倍时：

$10 \times 10 = 100$（倍）

目镜的倍率为10倍，物镜的倍率为40倍时：

$10 \times 40 = 400$（倍）

显微镜下的雪花

如果仔细观察雪花，就会发现它们是一些形态不一的美丽晶体。

曾经就有这么一个人，用显微镜和照相机将雪花的形态拍摄下来，向人们展现了它们的神秘和美丽。他就是美国摄影师威尔逊·本特利。

小时候观察雪花时，本特利一下子就被雪花的美丽外形迷住了。

父母看到本特利迷恋雪花的样子，就花了一大笔钱给他买了显微镜和照相机。

本特利每天都兴致勃勃地拍摄雪花照片。但是当时的照相机性能不怎么好，很难拍出清晰的雪花照片。

虽然经历了几次失败，但本特利始终没有轻易放弃。到了 1885 年时，20 岁的本特利终于用一架连接显微镜的相机，成功地拍摄出史上第一张雪花照片。此后的数十年中，本特利共拍摄了 5000 多张雪花照片。望着雪花变化多端的美丽形态，人们不由地发出了惊叹。

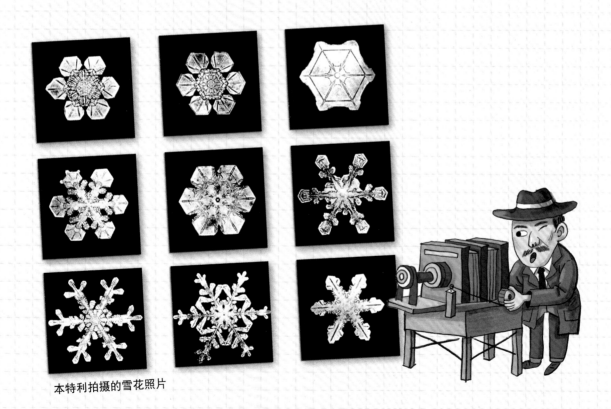

本特利拍摄的雪花照片

我们可以看到的尽头在哪里？

自古以来，人们一直在为能够制造出看得更清晰、更远、更放大的观察工具而进行着不懈的努力。到了现代，人们终于能够看清肉眼看不到的地方。随着科学技术的发展，我们又会看到何种神秘的新世界呢？真是令人期待不已。

可以拍到骨头的X射线照相机

X射线是一种无法用肉眼看到的光。这种光性质特殊，能够穿透身体，所以只要在身后放上一张特制的照相底片，再用X射线进行照射，我们就能拍下骨头和内脏器官的形态了。

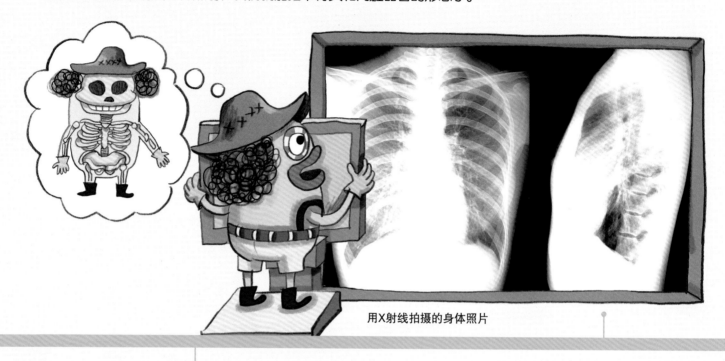

用X射线拍摄的身体照片

在夜间也能看清的夜视镜

夜视镜是一种在黑夜中也能看清物体的观察工具。无论多么漆黑的夜晚，都会有星光等微弱的光存在，而物体会通过反射这些光来发光。夜视镜能够将这些微弱的光放大数倍，使得人们在夜晚也能看清物体。

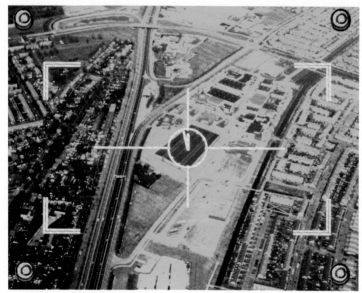

通过夜视镜看到的城市模样

可以看到热量的红外热像仪

红外热像仪可以将物体释放的热量转化成可见的图像。发热的物体会释放出我们肉眼看不见的一种光——红外线。无论白天和黑夜，这类物体都会释放出红外线。因此，只要利用这种仪器，我们就能看到那些有热量的物体所处的位置及形状了。

用红外热像仪拍摄的教室画面

显示移动物体的雷达

雷达是一种通过接收移动的物体反射的电磁波来判断其位置、状态、速度等信息的设备。雷达常用于掌握天空中飞行的飞机和在海上航行的船只的位置等信息。另外，在测量人类无法抵达的海洋深处的深度等数据时，我们也会用到雷达。

装有雷达的军舰

图字：01-2019-6048

图书在版编目（CIP）数据

透镜的故事 /（韩）李俊昊文；（韩）李娜英绘；千太阳译 . —北京：东方出版社，2021.4
（哇，科学有故事！. 第三辑，日常生活·尖端科技）
ISBN 978-7-5207-1483-9

Ⅰ . ①透… Ⅱ . ①李… ②李… ③千… Ⅲ . ①透镜—青少年读物 Ⅳ . ① TH74-49

中国版本图书馆 CIP 数据核字（2020）第 038657 号

哇，科学有故事！尖端科技篇·透镜的故事
（WA，KEXUE YOU GUSHI! JIANDUAN KEJIPIAN·TOUJING DE GUSHI）

作　　者：［韩］李俊昊 / 文　［韩］李娜英 / 绘
译　　者：千太阳

策划编辑：鲁艳芳　杨朝霞
责任编辑：金　琪　杨朝霞
出　　版：东方出版社
发　　行：人民东方出版传媒有限公司
地　　址：北京市西城区北三环中路6号
邮　　编：100120
印　　刷：北京彩和坊印刷有限公司
版　　次：2021年4月第1版
印　　次：2021年4月北京第1次印刷
开　　本：820毫米×950毫米　1/12
印　　张：4
字　　数：20千字
书　　号：ISBN 978-7-5207-1483-9
定　　价：218.00元（全9册）
发行电话：（010）85924663　85924644　85924641

✒ **文字　[韩] 李俊昊**

　　现为仁川普贤洞小学的一名教师。为了跟大家一起分享有趣的科学知识，定期在网上进行"在科学闪光的夜晚"直播。有时还会到大学举办教育科学演讲。主要作品有《在科学闪光的夜晚》。

🎨 **插图　[韩] 李娜英**

　　毕业于青江大学动画专业。目前作为一名插画家，活跃在各个领域，梦想是创作出令人喜欢的绘画作品。主要作品有《提前预习掌握概念的国语教科书》等。

哇，科学有故事！（全 33 册）

概念探究

生命篇
- 01 动植物的故事——一切都生机勃勃的
- 02 动物行为的故事——与人有什么不同？
- 03 身体的故事——高效运转的"机器"
- 04 微生物的故事——即使小也很有力气
- 05 遗传的故事——家人长相相似的秘密
- 06 恐龙的故事——远古时代的霸主
- 07 进化的故事——化石告诉我们的秘密

地球篇
- 08 大地的故事——脚下的土地经历过什么？
- 09 地形的故事——隆起，风化，侵蚀，堆积，搬运
- 10 天气的故事——为什么天气每天发生变化？
- 11 环境的故事——不是别人的事情

宇宙篇
- 12 地球和月球的故事——每天都在转动
- 13 宇宙的故事——夜空中隐藏的秘密
- 14 宇宙旅行的故事——虽然远，依然可以到达

物理篇
- 15 热的故事——热气腾腾
- 16 能量的故事——来自哪里，要去哪里
- 17 光的故事——在黑暗中照亮一切
- 18 电的故事——噼里啪啦中的危险
- 19 磁铁的故事——吸引无处不在
- 20 引力的故事——难以摆脱的力量

化学篇
- 21 物质的故事——万物的组成
- 22 气体的故事——因为看不见，所以更好奇
- 23 化合物的故事——各种东西混合在一起
- 24 酸和碱的故事——水火不相容

解决问题

日常生活篇
- 25 味道的故事——口水咕咚
- 26 装扮的故事——打扮自己的秘诀

尖端科技篇
- 27 医疗的故事——有没有无痛手术？
- 28 测量的故事——丈量世界的方法
- 29 移动的故事——越来越快
- 30 透镜的故事——凹凸里面的学问
- 31 记录的故事——能记录到1秒
- 32 通信的故事——插上翅膀的消息
- 33 机器人的故事——什么都能做到

扫一扫
看视频，学科学